不得不知的人类文明

BUDEBUZHI DE RENLEI WENMING

著名的古建筑

ZHUMING DE GUJIANZHU

知识达人 编著

成都地图出版社

图书在版编目（CIP）数据

著名的古建筑 / 知识达人编著 . —— 成都：成都地
图出版社 , 2017.1（2021.5 重印）
（不得不知的人类文明）
ISBN 978-7-5557-0446-1

Ⅰ . ①著… Ⅱ . ①知… Ⅲ . ①古建筑—介绍—世界
Ⅳ . ① K917.1

中国版本图书馆 CIP 数据核字 (2016) 第 210594 号

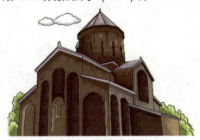

不得不知的人类文明：著名的古建筑

责任编辑：向贵香
封面设计：纸上魔方

出版发行：成都地图出版社
地　　址：成都市龙泉驿区建设路 2 号
邮政编码：610100
电　　话：028 - 84884826（营销部）
传　　真：028 - 84884820

印　　刷：唐山富达印务有限公司
（如发现印装质量问题，影响阅读，请与印刷厂商联系调换）

开　　本：	710mm × 1000mm　1/16		
印　　张：	8	字　　数：	160 千字
版　　次：	2017 年 1 月第 1 版	印　　次：	2021 年 5 月第 4 次印刷
书　　号：	ISBN 978-7-5557-0446-1		
定　　价：	38.00 元		

前言

　　为什么古巴比伦城被称为"空中的花园"？威尼斯为什么建在水上？四大文明要到哪里寻找呢？拉菲庄园为什么盛产葡萄酒？你想听听赵州桥的故事吗？你知道男人女人都不穿鞋的边陲古寨在哪里吗？你去过美丽峡谷中的德夯苗寨吗？

　　《不得不知的人类文明》包括宫殿城堡、古村古镇、建筑奇迹等。它通过浅显易懂的语言、轻松幽默的漫画、丰富有趣的知识点，为孩子营造了一个超级广阔的阅读和想象空间。

　　让我们现在就出发，一起去了解人类文明吧！

目录

目录

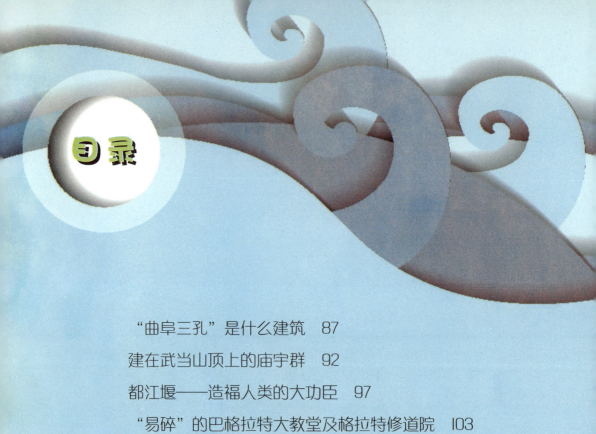

目录

金字塔，埃及国王的最终归宿

你们听说过埃及吗？那里可是一片神秘地域哦！埃及的大部分地区都被沙漠覆盖，世界第一大河——尼罗河正好流经这片沙漠，而令世人痴迷的金字塔就分布在尼罗河两岸。

埃及的金字塔可是被誉为"古代世界七大奇迹"之首

呢！"金字塔"在阿拉伯语中是"角锥体"的意思，用立体几何的知识来描述金字塔，就是四棱锥形。金字塔的基座通常为正方形，四个侧面都是由一个等腰三角形组成的，轮廓非常清晰，无论从哪个角度看都是一个等腰三角形。由于它的样子很容易令人联想到汉字"金"，因而在中文中被翻译为金字塔。

在埃及这片土地上，金字塔竟然多达九十六座。除了古埃及外，世界上的其他地方也存在多处金字塔，其中著名的

有玛雅金字塔、阿兹特克金字塔等。它们的造型各不相同，基座有正三角形的，也有正方形的，四个侧面呈三角形或梯形，顶部是尖状，用立体几何的知识来描述这类金字塔的造型，就是四棱台形。

　　讲到这里，可能有人会问，埃及人为什么要修建这么多金字塔，金字塔又有什么用途呢？让我来告诉你们吧，这种宏伟的建筑是古代埃及国王的陵墓，每一座金字塔中都埋葬了一代国王和他的王室成员。因此，将埃及金字塔说成是埃及国王的最终归宿可是很贴切哦！怎么样，你是不是很惊讶呢？

除了被用作陵墓外，埃及金字塔还有什么用处呢？经过探索研究，科学家们推测，金字塔还被用来开展礼仪活动。据说，每次建造金字塔时，统治者都会在它们的旁边建造一座宫殿。

建宫殿的原因是什么呢？难道是用于看护金字塔？呵呵，当然不是了，其实这些宫殿是供庆祝用的场地。当某一位统治者的在位时间达到33年时，人们就会在宫殿内举办一

次规模宏大的庆祝典礼为他庆祝生辰。

　　说到埃及金字塔，最值得一提的就是位于吉萨的胡夫金字塔了。它可是埃及整个国家文明的象征哦！胡夫金字塔是埃及所有的金字塔中建造技艺最高超的一座。要是提起建成它所用石头的重量和数量，绝对会让你大吃一惊。这座金字塔居然是用230万块石灰石和花岗岩垒叠而成的。每一方石块平均有2.5吨重，最大的石块重达100吨呢！古时候没有现代的大型运输装载吊车，当时的人们是依靠什么工具将这些巨大的石块搬运并堆砌的？又是怎样在没有使用任何黏合材料的情况下，使之没有一丝缝隙、刀枪难入的呢？这真称得上是让人无法想象的建筑奇迹啊！

金字塔的好伙伴——狮身人面像

　　狮身人面像可以说是金字塔的好伙伴，它是怎样出现的呢？

　　原来，在公元前2610年，胡夫金字塔即将完工的前夕，法老胡夫在视察时发现，采石场上还留有一块巨石。于是，他便让那些石匠们照着他的脸型雕刻出一座狮身人面像。

　　狮身人面像非常有气势，它高20米，长57米，脸部长约5米。它的下颌还有帝王的标志——下垂的长须。

令人惊讶不解的
史前巨石遗迹

英国是一个历史悠久的国家，拥有很多让人惊叹的建筑。其中，巨石阵一直备受人们的关注，你听说过它吗？

巨石阵还有很多别的称呼，例如"索尔兹伯里石环""环状列石""太阳神庙""史前石桌""斯通亨治石栏""斯托肯立石圈"等等。

那巨石阵又是在什么时候建造的呢？

据科学家推测，巨石阵的建造时间大约是在公元前4000年至公元前2000年之间。2008年，英国考古学家再次对巨石阵进行深入细致的研究，确认巨石阵的建造年代为公元前2300年左右。这样看来，巨石阵已经有4300多岁了，年龄真的很大哦！

巨石阵是什么样子？为什么会被称作巨石阵呢？

原来，所谓的"巨石阵"是由许多大块的蓝砂岩组成的。这些巨大的岩石竖立在平地上，排列成一个大圆圈，还有一些大岩石横放在竖立石柱的上端。这些竖立的石柱可是非常重的哦！每块重达50吨，而最高一根石柱高达10米，比三层楼还要高呢！

石环内还建有5座高度达7米的门状石塔，它们与石阵形成了同心圆的排列方式。石柱群的外侧是一周圆形的土堤，直径为120米。外侧土墙的东部建有一座形状很像马蹄的巨大石拱门。巨石阵的占地面积达11万平方米呢！怎么样，是不是很神奇呀？

了解了巨石阵宏大的规模，你一定会问："这么巨大的石阵，需要多长时间才可以建成呀？"事实上，要把如此多巨大的石柱排列好，没有巨型的起重机械，真的是相当困难的。而且巨石阵修建的时间可

50吨

是在4000多年前的远古时代，那时候钢铁起重机械还不存在。所以巨石阵建造的时间十分漫长，有考古学家计算过，建造巨石阵历时共近1700年。

　　总的来说，巨石阵的建造是相当复杂的，大约在公元前3100年前，勤劳智慧的英国人就开始了巨石阵第一阶段的修建。人们先挖好一圈旱沟，之后又在沟的外侧稍微倾斜地放置一些大石块。在沟的内侧修建一些土坛，再在这些土坛中挖出56个土坑，这就形成了巨石阵的雏形。

　　从公元前2100年至公元前1900年，人们修建了一条通往石阵中央的道路。接着，人们将石柱一个一个艰难地竖立起来，排列成圆圈，并在石柱上面

横放了一些巨石，这样，一个直径达30米左右的石圆圈主体就完成了。在接下来的500年里，人们又对这些巨石进行了重新排列，最终形成了今天的格局。

到底是什么原因，让人们甘愿花费这么长的时间来修建这个巨大的石阵呢？这个问题的答案你可能并不知道，不过没关系，事实上，就连现代的考古学家也回答不了这个问题呢。他们也在绞尽脑汁地研究巨石阵的真正用途！有人说巨石阵是古老的庙宇，也有人说巨石阵是古代英国人打猎的狩猎场，甚至有一些想象力非常丰富的人认为巨石阵是外星人

搭建的大型积木。怎么样，这些假设是不是很有趣呢？

这个巨大的石阵就像埃及的金字塔一样神秘莫测。时至今日，它仍然屹立在英国的原野上，每天迎来朝阳，又送走晚霞，仍旧在耐心地等待人们揭开它身上的种种秘密。

万里长城万里长，
长城外面是故乡

"万里长城万里长，长城外面是故乡。"这是歌曲《长城谣》里的歌词。歌曲中提到的长城是我国著名的建筑，是所有中国人的骄傲。

相信很多人都登过长城吧？这座建在崇山峻岭中的雄伟建筑每年都吸引了世界各国的游客前来参观呢！我国民间素有"不到长城非好汉"的说法，怎么样？你是登上长城的好

汉吗？

我们都知道长城很长，可是，你知道长城到底有多长吗？2012年，国家文物局发布的统计结果显示，如果把中国古代各个朝代建造的长城的长度都加起来，总长为21196.18千米呢！长城分布于北京、天津、河北、山西、内蒙古、辽宁、吉林、黑龙江、山东、河南、陕西、甘肃、青海等15个省、市、自治区，其中共包括长城墙体、壕堑、单体建筑、关堡和相关设施等长城遗产共43721处。

有人一定会问："为什么古人要在大山中建造这样一条蜿蜒的建筑呢？"

　　让我来告诉你吧，长城其实是一种军事防御性工程。至少从西周时期开始，农耕的中原汉族就不断受到北方游牧民族的入侵。草原民族擅长骑马，可以快速地入侵中原，在抢走财物、粮食之后迅速撤离。以农耕为生的中原汉族深受其苦。

　　为了抵御游牧民族的这种袭击，中原汉族就开始修筑保卫自己国土的长城。秦始皇统一中国以后，把原来的小段长城连接起来，又向东、西两个方向继续修建长城，这就是著名的秦长城。从那以后，各个王朝都不停地修筑、加固长城。可以说，中原的汉族一直都在修建加固长城，共历时两千多年，直到清朝，长城才被停建。

那么，修建长城的工作为什么到了清朝就停工了呢？这是因为建立大清王朝的是满族人，他们属于北方的游牧民族。在统一全国以后，康熙皇帝又成功地解决了与蒙古族联合的问题，终止了困扰皇室几千年的民族冲突。所以，长城自然也就没必要再继续修造加固了。因此，长城的修建工作就从清代开始荒废了。

现在，北京郊区的长城都是明代修筑的，是为保护北京城而建的。

城墙是长城的主体部分，沿着高山峻岭和平原险阻而建。在地势平坦的平原地区以及紧要之地，城墙都被建造得既高大又坚固。而在地势险要的高山地区，防守起来很容易，所以只简单地建造了一些低矮的城墙，甚至在一些十分陡峭的地方根本就没有修筑城墙，而只是以险据守。

首先，长城城墙的上端看上去一起一伏的，这就是垛

口墙，可以有效地防御城下敌人射出的箭，士兵躲在垛口墙后，既可以观察敌情，也可以伏击用云梯强行登城的敌军。

　　其次，修筑在平原上的城墙并不是一道又直又长的大墙，而是每隔不远就建一段外凸伸出的墩台，这就是"敌台"。两个敌台之间是刺杀敌人的最好空间，致使敌人不敢轻易地靠近城墙，这就加强了城墙的防御能力。

　　另外，长城每隔一段城墙就建有一座小房子，这是干什么用的呢？哈哈，你一定不知道吧！它是用来点火的。有人

可能会奇怪："为什么要点火呢？"实际上，点火是古代人想出来的传递信息的方法。因为长城大多建在大山里，而古代又没有电话，没办法，人们只能通过点火生烟的方法来传递军情啦！怎么样，古人是不是非常聪明呀？

可以说，长城是中国历史的见证者，它凝结了古代劳动人民的智慧和辛劳，与天安门、秦始皇陵兵马俑一起被世人视为中国的象征。2007年7月7日，长城被列入"世界新七大奇迹"之一，让每一个中国人都因拥有它而感到骄傲和自豪！

内有乾坤的
苏州古典园林

　　苏州是一座十分美丽的城市，你若没有去苏州园林中游玩一番，就不能算是真的到过苏州。可以说，苏州园林就是苏州这座城市的名片。怎么样，是不是迫不及待地想要了解一下呀？别急，下面就让我们一起去瞧瞧吧。

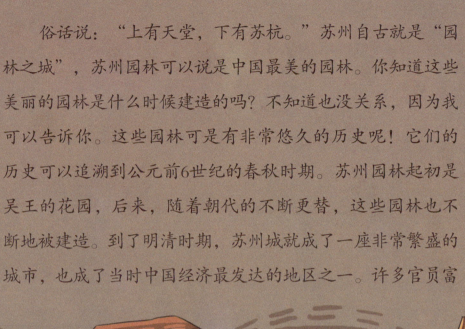

俗话说："上有天堂，下有苏杭。"苏州自古就是"园林之城"，苏州园林可以说是中国最美的园林。你知道这些美丽的园林是什么时候建造的吗？不知道也没关系，因为我可以告诉你。这些园林可是有非常悠久的历史呢！它们的历史可以追溯到公元前6世纪的春秋时期。苏州园林起初是吴王的花园，后来，随着朝代的不断更替，这些园林也不断地被建造。到了明清时期，苏州城就成了一座非常繁盛的城市，也成了当时中国经济最发达的地区之一。许多官员富

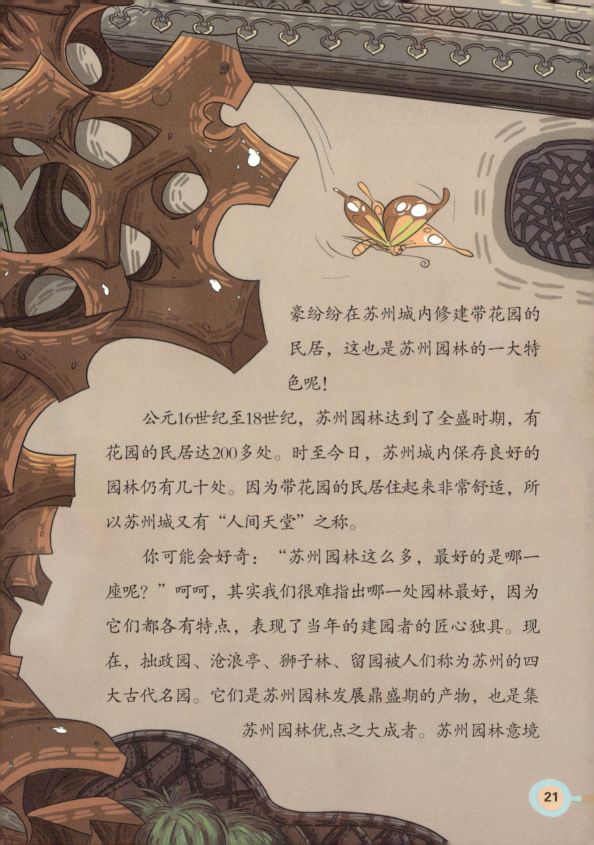

豪纷纷在苏州城内修建带花园的民居，这也是苏州园林的一大特色呢！

公元16世纪至18世纪，苏州园林达到了全盛时期，有花园的民居达200多处。时至今日，苏州城内保存良好的园林仍有几十处。因为带花园的民居住起来非常舒适，所以苏州城又有"人间天堂"之称。

你可能会好奇："苏州园林这么多，最好的是哪一座呢？"呵呵，其实我们很难指出哪一处园林最好，因为它们都各有特点，表现了当年的建园者的匠心独具。现在，拙政园、沧浪亭、狮子林、留园被人们称为苏州的四大古代名园。它们是苏州园林发展鼎盛期的产物，也是集苏州园林优点之大成者。苏州园林意境

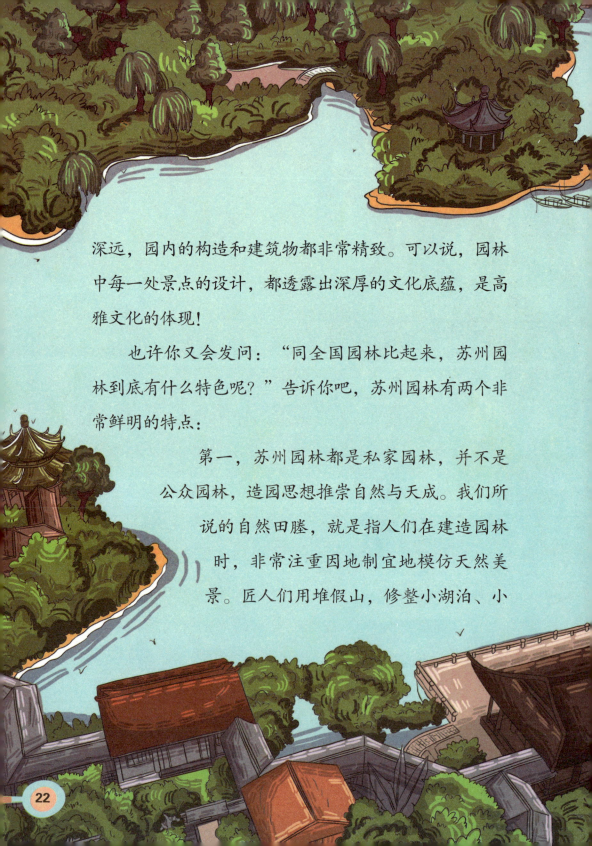

深远，园内的构造和建筑物都非常精致。可以说，园林中每一处景点的设计，都透露出深厚的文化底蕴，是高雅文化的体现！

也许你又会发问："同全国园林比起来，苏州园林到底有什么特色呢？"告诉你吧，苏州园林有两个非常鲜明的特点：

第一，苏州园林都是私家园林，并不是公众园林，造园思想推崇自然与天成。我们所说的自然田塍，就是指人们在建造园林时，非常注重因地制宜地模仿天然美景。匠人们用堆假山，修整小湖泊、小河、泉水等方式在园中营造出了许多山水景观，并适当建造亭台楼榭，令人觉得这一切都是自然天成的。人们在这座园林中既可以舒适地居住，又可以行走游览，随时体味人与大自然融合的快乐！

第二，苏州园林十分注重园内文化氛围的营造，比如用匾额、楹联、刻石题字、石雕、园林小景表达诗境等，在园内营造了浓厚的文化氛围。园林的布局非常自然，秀丽中透着端庄，真让我们不得不佩服那些建造园林的工匠的高超技艺啊！

走在苏州园林中，你一定会感觉自己像走在画中一样。怎么样，是不是心动啦？哈哈，那就赶快拉着爸爸妈妈的手去苏州游玩一番吧！

走，去"皇家园林博物馆"看看

　　古代的皇帝在处理完国家大事后，也想休闲娱乐，不过那时可没有电脑、游戏机哦，皇帝们只能听听戏、逛逛园林。可是，那些美丽的园林大多在南方，路途十分遥远。但这可难不倒拥有一切的皇帝，他们索性花费巨资在北方建造

了一个个供自己游玩的园林。其中，颐和园就是现存最大的皇家园林。

颐和园地处北京市海淀区，距离市中心约有15千米。颐和园的前身是乾隆年间修建的"清漪园"。当年，乾隆皇帝亲自构思设计了清漪园的整体布局。清漪园于清乾隆十五年（1750年）动工，历时15年竣工。

清漪园最大的特点就是由美丽的万寿山、昆明湖等真山真水组成。清漪园的面积有297万平方米呢！其中水域面积约占全园面积的3/4。

佛香阁是清漪园的中心主体建筑，气势十分宏伟。围绕着佛香阁，光亭台楼榭建筑就有3000多座，面积达7万多平方米，遍布整个园林。园内广植树木，使整座园林看上去都郁郁葱葱的。

清漪园的建园理念包含了中国历代传统造园艺术的全部优点，建筑物依山傍水，与大自然很好地融合在一起，充分展现了皇家园林的恢弘气势。

1860年，英法联军攻占了北京城，清漪园中的佛香阁、排云殿等众多建筑都被他们纵火焚毁，就连著名的长廊也被烧得只剩下十几间。

光绪十四年（1888年），慈禧太后以筹措海军经费的名义动用白银500万两至600万两，命令"样式雷"的第七代传人雷廷昌主持重建清漪园。园内的主要建筑得以复建，同时，慈禧太后将清漪园改名颐和园，并搬到里面居住，使颐和园成为了清代皇室的夏宫。中国近代的诸多重大历史事件也都发生在这里。

　　光绪二十六年（1900年），颐和园又遭到了八国联军的破坏，许多珍宝被劫掠一空。

　　光绪二十九年（1903年），慈禧太后再次下令修复颐和园。

　　1924年，颐和园正式对外开放。

　　颐和园真正的修复是在中华人民共和国成立之后。1961年3月4日，颐和园被列为第一批全国重点文物保护单位。1998年11月被列入《世界遗产名录》中。2009年，颐和园入选中国世界纪录协会中国现存最大的皇家园林。

当你去颐和园游玩时，除了饱览湖光山色之美外，还应该回首颐和园的沧桑历史，不要忘记我国因科技落后而被列强欺凌的教训，要努力学习、奋发图强，使自己长大后成为一个能为振兴中华民族做出贡献的人。

世界上最长的长廊

世界上最长的长廊就是颐和园的长廊，在万寿山的南边，全长达728米，多达273间。1992年，颐和园长廊被列入《吉尼斯世界纪录》，成为世界人民公认的最长的长廊。

颐和园长廊不光长度傲人，它的艺术价值也是非常大的。廊上的每根枋梁上都有彩绘，共有14000余幅图画，非常吸引人。

天坛可不是普通 "祭祀" 的地方哦

你知道天坛这个地方吗？如今，中国现存的天坛只有两处，一处是西安天坛，另一处是北京天坛。我们平时所说的天坛，就是北京天坛。

北京天坛是世界闻名景点，以祭天古建筑群和松柏茂盛著称。它非常壮观，被两重坛墙分隔成内坛和外坛，看上去就像汉字中的"回"字一样。有趣的是，这两重坛墙南侧的转角都是直角，你知道这是为什么吗？原来，这里面蕴含着"天圆地方"中"地方"的意思。

天坛的外坛墙很长，周长大约有6553米。在天

坛的西墙上建有祈谷坛
门和圜丘坛门。中华人民共
和国成立以后，天坛成为北京著
名的公园。为了方便游客，围墙上又另
开了东门和北门。

　　天坛的主要建筑物都分布在内坛，由南至
北，依次排列在一条直线上。你可以很容易看
到：天坛内用于祭天的三组建筑，包括汉白玉的坛
基，都是面朝南方，而且都建成了圆形。这是为什么
呢？原来，古人一向信奉"天圆地方"，所以祭天用
的坛庙建筑，当然要建成圆形啦！

　　天坛内祭天的建筑分为三组，即圜丘坛、皇穹宇和祈年殿，是人们必游之地。

　　你可能会说："还有回音壁！真有意思！"哈哈！回音壁是皇穹宇的围墙，只是一座简单的围墙。然而，它却让很多人都流连忘返哦！回音壁高3.72米，厚0.9米，是采用磨砖对缝这种古代最精致的砌砖墙工艺砌成的，墙头上还覆盖了一层蓝色的琉璃瓦。不得不承认，我国古代工匠们的手艺真的是很精湛呀！

　　你一定听说过回音壁的奇特本领吧？它可以传递两个人之间的音量很小的话语，并让人听得很清楚！的确是这样的，回音壁被人们喜爱，主要就是因为它的这个本领。那么，它为什么会有这样的本领呢？这是因为回音壁是按照一定的弧度建造的，墙面非常整齐光滑，这样就可以对声波起到非常强的折射作用。你不妨亲身体验一下，和爸爸妈妈分别站在围墙的任何一处，然后嘴对着墙壁小声说话。你会惊奇地发现，无论说话声多小，都可以让爸爸妈妈听得清清楚楚哦。

另外，回音壁传出来的声音十分悠长，即使是很普通的一句话也会被折射得非常有气势呢！置身于回音壁中，你会感受到一种"天人感应"的神秘气氛。怎么样，是不是想试试了呀？

祈年殿是天坛的标志性建筑，也是我国古代祭天坛庙中最典型的代表。这座圆形的大殿高38米，直径达32米，屋顶

覆盖着蓝色的琉璃瓦，有着非常恢弘大气的皇家特色。

更令人着迷的是，祈年殿还是一座全砖木结构的建筑，没有一根大梁长檩。可能会有人质疑："没有大梁长檩，祈年殿岂不是很容易坍塌？"呵呵，不用担心哦！其实，在大殿内侧有28根木柱和36根枋桷在起着支撑作用呢！

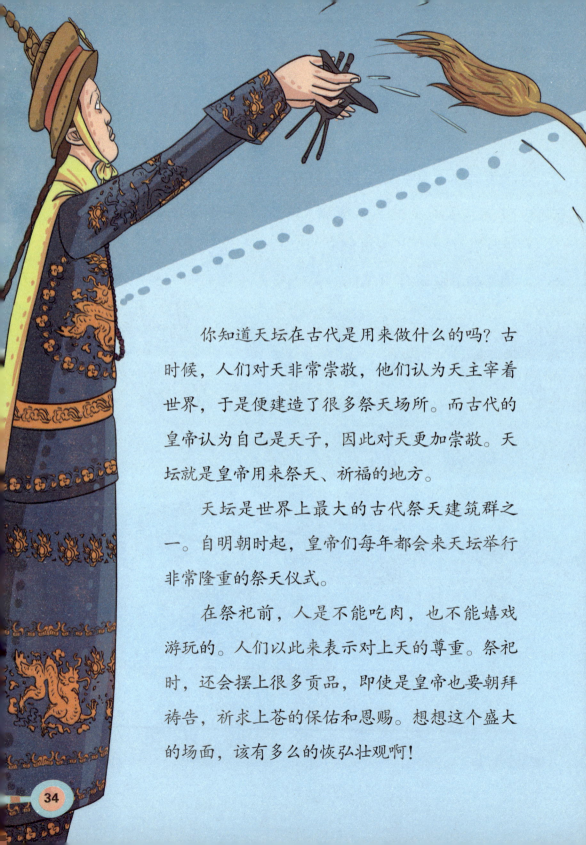

　　你知道天坛在古代是用来做什么的吗？古时候，人们对天非常崇敬，他们认为天主宰着世界，于是便建造了很多祭天场所。而古代的皇帝认为自己是天子，因此对天更加崇敬。天坛就是皇帝用来祭天、祈福的地方。

　　天坛是世界上最大的古代祭天建筑群之一。自明朝时起，皇帝们每年都会来天坛举行非常隆重的祭天仪式。

　　在祭祀前，人是不能吃肉，也不能嬉戏游玩的。人们以此来表示对上天的尊重。祭祀时，还会摆上很多贡品，即使是皇帝也要朝拜祷告，祈求上苍的保佑和恩赐。想想这个盛大的场面，该有多么的恢弘壮观啊！

以血腥为乐的古罗马斗兽场

　　在罗马城有一座历史悠久的建筑，虽然历经岁月的洗礼，已经破损得非常厉害，但它依然得到了全世界人民的喜爱。你知道我说的这座建筑物是什么吗？它就是闻名于世的古罗马斗兽场。

　　罗马斗兽场还有很多其他名字呢，它又被人们亲切地称为"弗莱文圆形剧场""罗马大角斗场""罗马竞技场""罗马圆形竞技场"等。可以说，罗马斗兽场是古罗马文明的象征。

　　罗马斗兽场坐落于意大利首都罗马市的中心地带，位于著名的威尼斯广场的南侧。时至今日，我们只能遗憾地看到它的遗址了。但是你们不要伤心哦，因为从遗址中我们仍然可以看出罗马斗兽场的宏伟与大气。如果你有机会到这里逛一逛的话，你一定不会失望的！

　　你知道罗马斗兽场是什么样子的吗？它可是一座非常宏伟的建筑哦。它的外形很像一个长长的圆形，就好像是建筑师把两个古罗马剧场的观众席对接在一起了一样。它的最大

直径可以达到188米，即使是在相对较窄的地方，它的直径也有156米呢！它的圆周长也是非常惊人的，有527米长。它的围墙高达57米，如果按照一层楼高3米来计算的话，罗马斗兽场的围墙足足有19层楼那么高呢！怎么样，你是不是发出惊叫了呀？

有的人一定会迫不及待地问："罗马斗兽场这么大，它能够容纳多少人呢？"事实上，罗马斗兽场的容量可是相当惊人的。在这座庞大的建筑物中，有多达60排座位，可以容纳近9万名观众。你们的校园也一定容不下这么多人吧，这样想来，它是不是很庞大呢！

说了这么多，你们一定对这座宏伟建筑的建造经过非常感兴趣吧？别急，下面我就一一向你们道来。

古罗马斗兽场建于公元72年至公元83年间，距今已有2000多年的历史。据说，古罗马的皇帝韦帕芗在征服耶路撒冷地区后，为了庆祝胜利，便把8万多犹太和阿拉伯人聚集起来，强迫他们修建这座庞大的建筑。除此之外，还有另一种说法。这种说法认为，这些俘虏只是被贩卖给了当地的罗马人，赚来的钱就被他们用来建造了这座巨大的斗兽场，而真正建造古罗马斗兽场的则是技艺精湛的建筑师和工人。虽然我们不知道哪种说法是正确的，但可以肯定的是，这座宏伟的建筑是建立在对奴隶们残忍剥削的基础上的。

奴隶的悲惨还不光表现于此，你知道这座斗兽场是用来干什么的吗？你可能会说斗兽场自然是打

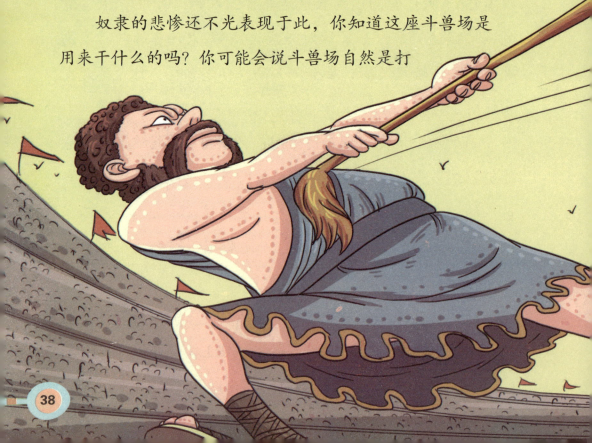

斗的场所，当然这是没错的。但是，我不得不痛心地告诉你，在斗兽场内同猛兽以死相拼的都是那些可怜的奴隶们，并且奴隶之间也经常需要互相搏命。奴隶们为了生存，不得不与那些凶猛的动物们打斗，不得不跟与自己有着相同命运的奴隶们争斗，很多奴隶都惨死在了这座建筑中。

　　当然，这些血腥只属于过去，今天已经没有了。但是，快乐地生活着的我们，了解些关于这座以血腥为乐的斗兽场的知识总是好的。

咦，这座斜塔
为什么不倒呢

糟了，这座塔怎么歪了呢？会不会马上就倒了呀？哈哈，你不用害怕，也不用担心这座塔会倒下去，因为它本来就是歪的哦。

我们看到的就是意大利的比萨斜塔，这座塔本身就是歪的。人们怎么会建造一座歪塔呢，你是不是很疑惑呀？让我告诉你吧！其

实，比萨斜塔本来是比萨大教堂的一个钟塔，早在1173年，这个钟塔还没有建造完成的时候，人们便发现它歪得非常厉害。起初，人们以为是建筑物出现了问题。后来，人们经过调查发现，钟塔倾斜其实是由于地基没有打牢、土地松软等原因综合在一起造成的。工人们没有办法，只好停工。

于是，这座只建了三层的钟塔便保留了下来，不过它实在是大煞风景，在教堂的建筑群中显得非常刺眼。终于，教堂的管理者们坐不住了，他们再次找来建筑专家，商讨该怎样重新建造钟塔。经过讨论，专家们一致认为可以在钟塔原有的基础上继续施工。于是，一大批杰出的工匠们再次聚集到比萨大教堂。但是，事情并不像想象中那么简单，当钟塔建

到将近60米的高度时，塔的倾斜度大大增加了，再建造下去就有坍塌的危险。没办法，工匠们只得再次停工。

人们每天都担心这座钟塔会倒下去，可是许久过去了，这座高54.5米、直径约为16米、共有

8层的钟塔，竟然一直都没有倒。虽然人们仍然怀疑它可能下一秒就会倒塌，但它就像坚毅的战士一般迎接着每天的风吹雨打，从来也没有低下头去。

最终，比萨斜塔因祸得福，竟然成了远近闻名的景观。人们争相前来观看，只为一睹这座另类的建筑。意大利政府也加大了对斜塔的保护力度，对它进行了大力地修缮。如今，斜塔已经达到了300年前的轻微倾斜程度。

由于比萨斜塔远在意大利，我们很难见到，所以很多人都不知道它真正的样子。我来给你讲讲吧，比萨斜塔的外形是圆柱体，由大理石砌成。塔里可有多达294级的螺旋状楼梯哦，是不是很多呀？如果想要登到塔顶，游客们将不得不在长长的楼梯里先转上几圈，真不知道有没有游客转晕了呢！

如今，比萨斜塔已经成为举世闻名的建筑，各个国家的游客全都争相前去游览。尽管斜塔倾斜得让人很不放心，但是，登塔观光的人依旧络绎不绝。我们不得不感叹，当时工匠们做出继续建造钟塔的决定真是无比正确，否则，今天的人们就无法看到这座让世人惊叹的建筑了！

人们是如何修整比萨斜塔的呢？

由于比萨斜塔一直不断地在倾斜，人们便决定对它进行修整。关于斜塔的拯救工作，一开始，人们提出了很多方案，但都未见效。后来，建筑师们达成一致，决定使用地基应力解除法来挽救比萨斜塔。他们叫人将斜塔倾斜反方向的塔基下面的土掏出来。这样一来，随着地基的沉降，斜塔就会产生倾斜，使斜塔的中心移动，从而减小倾斜幅度，达到平衡的效果。

巴黎圣母院，
艺术界的宠儿

你听说过伟大的作家雨果吗？他倾注自己一生的热情创作出了伟大的长篇小说《巴黎圣母院》，那么，世界上真的存在巴黎圣母院这个地方吗？答案是肯定的，巴黎圣母院可是世界闻名的建筑，并被艺术界视为宠儿！下面，我们就来一起来了解了解它吧！

巴黎圣母院位于法国巴黎塞纳河的西岱岛，是座著名的天主教堂。它整个是用石头砌成的，也正因为如此，所以显得非常坚固，并被人们形象地称为"巨石演奏的交响乐"。

巴黎圣母院是一座欧洲早期的哥特式建筑，非常有特色。它的造型和外观都与我们平时看到的建筑大不相同。你如果有机会看到它，一定会被它美丽的造型打动的。

这座著名的教堂非常大，全长约130米，宽约48米，高35

米左右，里面可以容纳9000人呢！怎么样，是不是很大呀？

你想不想知道巴黎圣母院的样子呀？别急，让我来告诉你。它的正面是正方形的，有棱有角，非常有气势，形象也十分庄严。

整个教堂分三层，第一层建有三道很像桃子的大门，非常有特点。游客参观时总会被这三道形状奇特的大门所吸引。有趣的是，这三个大门各自还都有名字呢！其中，左边的门叫"圣母门"，门中建有一根大柱子，上面精心雕刻了圣母怀抱圣婴的画像，非常好看。

中间的大门名字叫"最后的审判"，有的人会问："为什么要给这道门取这样一个名字呢？"这可是非常有深意的

哦。门中的大柱子上雕绘着天主耶稣在"世界末日"宣判每个人命运的图案，所以这个门的名字正是与柱子上雕刻的内容相呼应的。

另外一道门叫作"圣安娜门"。这座门里的大柱子上雕绘着圣母和两位天使，在她们的旁边还雕刻着莫里斯·德·苏里主教和路易七世国王的雕像。雕像非常精致，十分吸引人。

巴黎圣母院的第二层是它的正殿，也是非常有特点的，大

殿的中间有一个巨大的花窗。它还有一个非常浪漫的名字——玫瑰窗。玫瑰窗象征着美好，也象征着天堂。怎么样，很浪漫吧？

不仅如此，中殿还珍藏着很多无价之宝呢！像举世闻名的管风琴、拿破仑敬赠的"圣毯"等等。中殿的尽头处更是陈放着由法国"太阳王"路易十四敬献的"圣母哀痛耶稣之死"的大理石雕像。每当那些收藏家们来此参观时，总会对此啧啧称奇，他们一圈一圈地转着参观，久久不愿离去。

巴黎圣母院的最上层也是非常漂亮的，这里其实是用雕花石柱支撑的一层阳台。阳台在不失庄严的情况下又充满了细心的设计。站在阳台上抬头向上看，就会发现，教堂的屋顶也建造得颇为用心。屋架上的梁都是用橡树制成的，就像一

片小树林。不被人关注的屋顶都有如此精美的设计，可见巴黎圣母院的建造者们是多么的用心！

巴黎圣母院虽然没有什么特别的地方，可是却相当精致。同我们宏伟的故宫比起来，它更多了一些自然的美感。如果有机会的话，就和爸爸妈妈一起去巴黎圣母院游玩一番吧！

莱茵区最大的
国际商业中心

在德国的科隆市有一座万人景仰的科隆大教堂。下面我们一起去一睹它的风采吧！

科隆大教堂位是一座天主教主教座堂，不仅是科隆市的标志性建筑物，还是欧洲北部最大的教堂呢！这座哥特式的建筑物凭借着自己独特的魅力打动了

每一位前来参观的人，与巴黎圣母院大教堂和罗马圣彼得大教堂并称为欧洲三大宗教建筑。

你一定很想知道科隆大教堂的样子吧？呵呵，别急，让我慢慢地告诉你。科隆大教堂是一座非常大的教堂，占地达8000平方米，建筑面积也有6000平方米。它的长度也是非常可观的，有将近145米长、86米宽。形象地说，它的大小就相当于一个足球场。

科隆大教堂的建筑构成

非常有特点。它的主门是两座非常高的
塔，南塔高157.31米，北塔高157.38米。北塔可是全欧洲第二
高的尖塔，仅次于乌尔姆大教堂哦！每当人们来到科隆大教
堂，总是会不由自主地抬起头来仰望这两座高塔。除此之
外，大教堂的外边还建有11000座小尖塔，想想那场面，该有
多么的壮观！

大教堂的内部也很值得一提，它呈现十字形，非常特

别。更特别的是，普通教堂的内部结构大多建成十字架形状，而科隆大教堂却采用了五进的模式。这种结构的好处可不少！得益于这种建造模式，科隆大教堂的内部显得异常高挑宽敞，让人感觉更加宏大。想想，建造它的人们还真是聪明呢！

科隆大教堂最不可思议的地方就是它全部是由磨光的石块砌成的。你猜整座大教堂共用了多少石头？说出来吓你一跳，足足用了16万吨石头呢！整个工程更是使用了40万吨石材。讲到这里，该有人好奇了："使用了这么多石头才建成。那么，它的工期一共花费了多长时间啊？"事实上，科隆大教堂早在1248年就开始动工建造了，但工程总是断断续续的，所以直

至1880年，德皇威廉一世才宣布科隆大教堂正式建成。算下来，它的建造工作可是花了600多年的时间呢，是不是很惊人呀？即便如此，科隆大教堂的修缮工作也从未停止过，看来，这座历史悠久的大教堂还真是不让人省心呀！

有趣的是，这座已有数百年历史的大教堂如今又换了新貌。现在，德国科隆市已经成为了莱茵区最大的国际商业中心，科隆大教堂所在的地区也一跃成为繁华的商业地段，这使得它不但具有浓郁的宗教气息，更有了商业的氛围。想来，这座历史悠久的大教堂一定会有更加美好的明天哦！

俄罗斯人心中的
"建筑经典"

　　我们都知道俄罗斯是一个美丽的国家，它独特的气质吸引了世界各国的人民。下面，我就要考考你了，你知道俄罗斯最经典的建筑物是哪一座吗？你也许会大叫："我知道，我知道，是克里姆林宫。"呵呵，你还真是聪明哦！接下来，就让我们一起来了解一下这座俄罗斯人心中的"建筑经典"吧！

　　克里姆林宫是俄罗斯的代表性建筑，它可是相当有名气的！据说每一个来俄罗斯旅游的人都会将克里姆林宫作为首选地，可见它在人们心中的地位有多高了！怎么样，你是不是对它充满了好奇呢？

克里姆林宫可是非常伟大的，就连莫斯科这座历史悠久的城市都是由它孕育出来的呢！12世纪上叶，俄罗斯的多尔戈鲁基大公在波罗维茨低丘上修筑了克里姆林宫，它在当时是非常宏伟的建筑物。不过，多尔戈鲁基绝对料想不到，他的私人宫殿后来竟然逐渐派生出了莫斯科城。呵呵，莫斯科竟然是由一座宫殿派生出来的，这是不是非常

不可思议呀?

　　说完克里姆林宫的历史和地位,接下来,就让我们一起来看看它的样子吧!克里姆林宫的主色调是红色,这使得整个建筑群看上去非常有气势。克里姆林宫整体是一个不等边三角形,它的面积达27.5万平方米,光是周长就有2千米多呢!大克里姆林宫、格奥尔基耶夫大厅、红场、伊凡大帝钟楼以及克里姆林宫大礼堂等宏伟建筑一同构成了克里姆林宫的宏伟建筑群——二十余座塔楼参差错落地分布在三角形宫墙的三边。每一个来此参观的人,都会为它的壮观大声尖叫。

最让人津津乐道的是，莫斯科人在众多的建筑物上还装上了大小不一的五角星。这些五角星可是非常特别的哦！它们是由红水晶石和金属框镶制而成的，非常珍贵。不仅如此，在这些五角星中还安置有功率达5000瓦的照明灯，这使得它们不仅闪闪发光，在黑夜里，更是光彩夺目，构成了莫斯科最美丽的风景线。

克里姆林宫的伟大还不止如此，它还是俄罗斯的宗教中心与政治中心呢！14世纪至17世纪，它一直是俄罗斯东正教的活动中心，为东正教的发展做出过突出的贡献。而作为政治中心的它，曾是多代君主的皇宫。十月革命后，苏联将最高权力机关和政府设到了克里姆林宫。如今，它依然是俄罗斯的总统府，高傲地面对着世人。不得不说，克里姆林宫对俄罗斯人来说是无比重要的！它是俄罗斯悠久历史的见证者，整个国家的历史都在它身上留下了痕迹。而在未来的日子里，它将继续迎接俄罗斯更加辉煌的明天！

著名的莫斯科红场

提到克里姆林宫，就不得不说一下莫斯科红场了。红场是莫斯科最古老的广场，位于克里姆林宫东墙的一侧，总面积达9.035万平方米。

莫斯科红场呈不规则的长方形，在红场与克里姆林宫宫墙正中的前面，坐落着伟大革命先驱列宁的陵墓。

十月革命胜利后，莫斯科成为俄罗斯的首都，红场就成为人民举行庆祝活动、集会和阅兵的地方。

你知道泰姬陵是
为谁而建的吗

在印度，泰姬陵是知名度最高的古迹之一，也是伊斯兰教建筑中的代表作。2007年7月7日，泰姬陵被评为"世界新七大奇迹"之一，可见这座建筑物在世界建筑史上的重要地位。

你知道这座建筑物是怎么来的吗？呵呵，这还要从一个非常凄惨的爱情故事说起。

在17世纪，印度莫卧儿王朝

的君主沙·贾汗迎娶波斯女子阿姬曼·芭奴为王妃。

芭奴天资聪颖，又美丽大方，深受沙·贾汗的宠爱，

被册封为"泰姬·玛哈尔"，意思是"宫廷的皇冠"。

她与沙·贾汗共同生活了19年，在生下第14个孩子后死

去。沙·贾汗悲痛万分，决定为阿姬曼·芭奴修建一座

陵墓。

　　泰姬陵设计杰出，用料豪华，动用2万名工匠，历

时22年完成，共耗费了4000万卢比，一度导致国库空

虚。但它却成为了世界上完美艺术的典范。

　　泰姬陵修成后不久，沙·贾汗的王位就被他的儿

子夺去了，还被囚禁在阿格拉城堡。老无所依的沙·贾汗终日生活在悲痛中，每天都遥望泰姬陵，最终伤心地离开了人世。所幸，沙·贾汗死后与芭奴一起被合葬在了泰姬陵内。

知道了泰姬陵的来历，你现在一定在猜测它的样子吧？别急，这正是我接下来要讲的内容。泰姬陵坐落在印度距新德里200多千米外北方邦的阿格拉城内。整个陵园是一个长方形，长576米，宽293米，总面积达17万平方米。它的四周被一道红砂石墙围绕，给整个陵园染上了一丝不一样的氛围。建筑的正中央就是这座建筑物

的最重要建筑——陵寝，非常大气。陵墓的四周建有四座尖塔，它们高达40米，直冲云霄。

　　大门与陵墓之间有一条非常宽阔的路，路的两旁建有人行道，一个美丽的喷泉在人行道的中间展示着自己的美丽。

　　说到通身洁白的建筑物，或许你第一时间就会想到美国的白宫。事实上，泰姬陵是由纯白色的大理石砌筑而成，也是通身洁白。这虽然让陵墓看起来缺少了宫殿那般雄伟的气势，却也让它拥有了别样的感觉。泰姬陵展现了古印度高超的建筑设计水平，体现了最佳的建筑艺术和风格。

哇，果然是"悬"空寺

　　你有没有听说过悬空寺呀？这可是一座令人大感惊讶的建筑哦。下面就让我来为你们讲一讲这座历史悠久的建筑吧。

　　悬空寺位于山西的恒山，又被称作"玄空阁"，它的来

头可不小呢！它是我国仅存的佛、道、儒三教合一的独特寺庙。怎么样，很厉害吧！不仅如此，它还拥有1500多年的历史呢，早在北魏时期，就已经屹立在山中了。

一定有人非常好奇："既然有那么多的平地，为什么还要在陡峭的山上建造这样的建筑呢？"原来，古人特别喜欢安静的环境，他们认为这样才可以超然于世界。因此，他们便在没有人烟的山上建造了悬空寺。

关于悬空寺，还有一个非常有趣的传说呢！相传，很多年前，在悬空寺对面的山上有一座寺庙。由于建在陡峭的山上，因此平时光顾它的人很少。

　　寺内有个白马法师，他看到悬
空寺的香客络绎不绝，非常嫉妒。终于有一天，他下定决心
要与悬空寺的静悟道人比试一下。他用法力发起了一股来势
汹汹的大水，直冲悬空寺。静悟道人见大水袭来，便念起咒
语，大水就乖乖地退了回去。

　　白马法师很不甘心，便又试了几次，但都没能成功。没办
法，白马法师便用手一指，将水流冲向了山下的小城。

　　见此情景，静悟道人可是真生气了，他叫来一只大黑鹰
去教训白马法师。大黑鹰翅膀一扇，竟然扇出了一团大火，
整个白马寺立刻化为了灰烬。看到这种情况，白马法师非常
害怕，便惊慌失措地逃跑了。临走时，他又用法力喷出了一

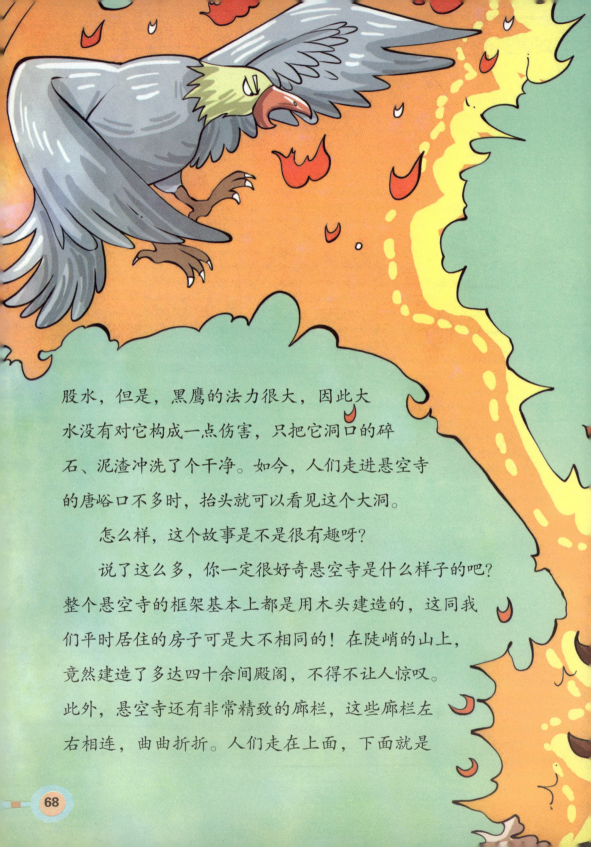

股水，但是，黑鹰的法力很大，因此大
水没有对它构成一点伤害，只把它洞口的碎
石、泥渣冲洗了个干净。如今，人们走进悬空寺
的唐峪口不多时，抬头就可以看见这个大洞。

怎么样，这个故事是不是很有趣呀？

说了这么多，你一定很好奇悬空寺是什么样子的吧？
整个悬空寺的框架基本上都是用木头建造的，这同我
们平时居住的房子可是大不相同的！在陡峭的山上，
竟然建造了多达四十余间殿阁，不得不让人惊叹。
此外，悬空寺还有非常精致的廊栏，这些廊栏左
右相连，曲曲折折。人们走在上面，下面就是

深谷。想象一下，在这么陡峭的地方行走，是不是很胆战心惊呢？

　　悬空寺的外部令人称奇，寺内更是别有洞天。寺内有80多尊佛像，更有李白留下的墨宝"壮观"二字。那些行家看到这些古迹总是会兴奋无比，即便是普通的游客，也会被这些古迹惊到。

　　有人可能会有这样的疑问："房子悬在空中，岂不是成

了空中楼阁了嘛！这怎么可能呢？"事实上，悬空寺的确是座空中楼阁。它可是远离地面的，据说最高处的三教殿与地面的距离可以达到90米呢！然而，随着时间的推移，河床不断淤积，现在，这个距离仅剩下50多米了。即便如此，我们看到它，也不得不感叹古代工匠的高超技艺。

那么，悬空寺是怎样做到"悬"的呢？从表面看，在悬空寺下面确实有十几根结实粗壮

悬空寺

的木柱在支撑，但实际上这些木柱并没有起到真正的支撑作用，充其量只能支撑起悬空寺的门口及栈道。悬空寺的主体建在坚硬的岩石上，是当年工匠在悬空石壁上凿出一块四进平台，然后又插入飞梁。这样一来，悬空寺的安全的确就有了保证，甚至比平地建造的建筑还要好，因为寺庙的地基全是坚固的岩石。

不仅如此，悬空寺所用的木料也是很有讲究的。它们是由铁杉木加工而成的，这些木材用桐油泡过，就连白蚁都无法咬烂。如此说来，悬空寺能在山上支撑这么多年也就不奇怪了！

吊脚楼是长有"脚"的民居

你听说过吊脚楼吗？听名字似乎是很特别的一种建筑，你是这么认为的吗？呵呵，如果是这样，那你就猜对了，吊脚楼是我国南方非常有特色的一种建筑，你想不想全面了解它一下呢？

吊脚楼是我国少数民族的一种建筑形式，苗族、壮族、布依族、侗族、水族、土家族等少数民族都建有吊脚楼式的民居。如今，在这些少数民族的居住区，到处都可见到这种风格独特的建筑。下面我来为你介绍一下吊脚楼的有关情况：

吊脚楼依山坡而建，正屋建在砖石地基上，厢房建在木桩上，悬在空中。木桩下也是屋子，用于关牲口或堆放杂

物。远远看去，就像是长了脚的屋子，故名"吊脚楼"。

　　吊脚楼的形式多种多样，有单吊式、双吊式、四合水式、二屋吊式、平地起吊式等基本类型。

　　关于吊脚楼的由来还有一个非常有趣的传说。据说土家人的祖先为了躲避水灾，逃到了湖北西部。这个地区到处

长满了参天大树和荆棘，林中的野兽更是不计其数。土家族人平时居住的临时搭建的小棚子经常遭到猛兽的袭击，不光是家禽频繁遭到杀害，就连人们自己，平时也都不敢独自外出，怕受到猛兽的攻击。

为了保护自己和屋舍的安全，土家人在自家点起了火，并在火里埋上数根竹子。每当野兽来袭，竹子就会噼里啪啦地响起来，野兽听到这个声音就会吓跑。

可是，这种方法虽然可以赶走猛兽，却不能吓退毒蛇和蜈蚣。土家人总是受到这

些无法防备的动物的攻击，生活受到了非常大的影响，苦不堪言。后来，一位非常聪明的土家族老人想出了一个好办法，他让人们把大树当作架子，然后在上面捆上木材，铺上树枝等，并搭上顶棚，这样就形成了一个个远离地面的房子。人们在这种屋子里吃饭、睡觉，那些毒蛇就再也无法爬上来了。从此，土家族人终于不用再为毒蛇的侵扰而烦恼了！

由于这种房屋对抵御动物的侵袭能起到非常好的效果，于是人们奔走相告，很多人都开始用这种方法建造房屋。经过多年的发展和完善，这种房屋就最终演变成为了现在的吊脚楼。

前面故事中已经说到了吊

脚楼具有抵御毒蛇、蜈蚣的作用，那么除此之外，它还有什么其他用途吗？答案是肯定的，事实上，吊脚楼的用途还不少呢！由于远离地面，所以它可以很好地避开地面湿气的侵袭，保持整个屋子的干燥通风。不仅如此，在吊脚楼的楼板下，还可以存放日常杂物。看来，吊脚楼还真是好处多多呢！

你知道什么是 "天地之中" 吗

　　"什么是'天地之中'？"相信很多人看到这个问题，都会十分疑惑吧？呵呵，它究竟是什么呢？就让我们一起去看看吧。

　　原来，"天地之中"是一个建筑群。这个建筑群有什么来头呢？它是个位于古城登封市的建筑群。这个建筑群可是相当庞大的！它其中的历史建筑群有少林寺、东汉三阙和中岳庙、嵩岳寺塔、会善寺、嵩阳书院、观星台等建筑，怎么样，它的规模很大吧？不仅如此，这些建筑物历经了从汉代至清代7个朝代呢！如此一个历史悠久、规模庞大、

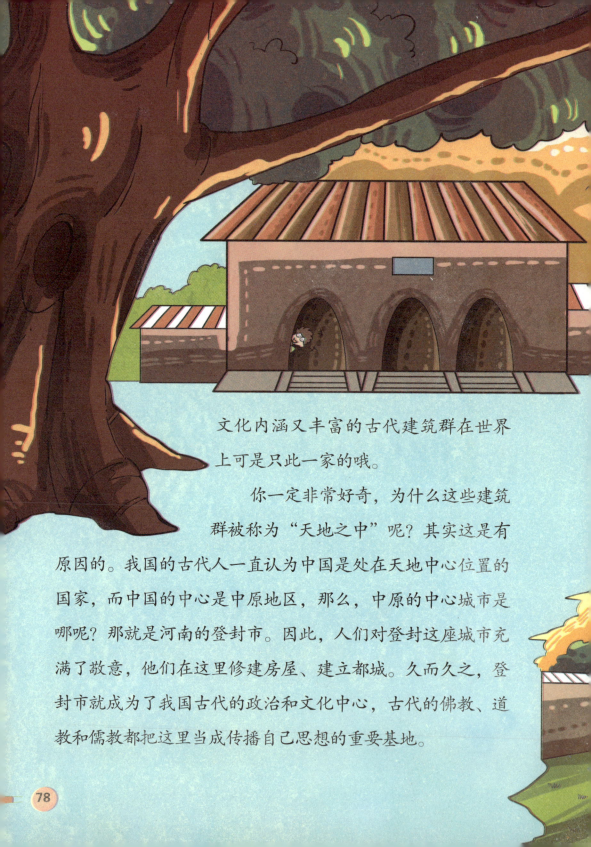

文化内涵又丰富的古代建筑群在世界上可是只此一家的哦。

你一定非常好奇，为什么这些建筑群被称为"天地之中"呢？其实这是有原因的。我国的古代人一直认为中国是处在天地中心位置的国家，而中国的中心是中原地区，那么，中原的中心城市是哪呢？那就是河南的登封市。因此，人们对登封这座城市充满了敬意，他们在这里修建房屋、建立都城。久而久之，登封市就成为了我国古代的政治和文化中心，古代的佛教、道教和儒教都把这里当成传播自己思想的重要基地。

与此同时，登封市还是古时人们观测天地的中心，许多观测台都是在这里兴建起来的。也正因为有了这样的历史背景，登封市才留存了众多的古建筑。这些建筑物中的代表性建筑物合在一起，就被人们称为"天地之中"。

　　这些世界闻名的建筑物都是巧夺天工，建造技术也十分精良。少林寺更成为了全世界游客都非常向往的地方。值得一提的是，"天地之中"建筑群包含了很多种建筑物，例如宗教场所、教育场所和科技探测场所等等。可以说，从这组建筑群中，我们可以看到中国的历史和中国发展的足迹。这可是其他著名建筑物所不能相比的哦！

　　在学校里，你一定学过"历史"这门课程，因为中

国人是非常重视国家历史的。通过学习历史，我们可以知道
国家的过去，懂得古人在过去所犯的错误，避免重蹈覆辙。
登封市的"天地之中"给我们留下了非常宝贵的东西，让我
们可以直接从中与历史对话。可以说，它就是一座东方古代

建筑的艺术殿堂。它的博大与辉煌不但向我们提供了古代灿烂的文化，更向世人展示了它的美丽与大气。怎么样，你是不是非常想亲眼看看这些建筑的样子呀？那就赶紧拉起爸爸妈妈的手，去登封市走一圈吧！

最古老的天文台

　　为了发展农牧业，我国的天文学很早便发展起来了，历史上也涌现出了一些非常著名的天文学家。他们为了得到精确的天文数据，总是致力于开发观测设备。

　　元朝至元年间，天文学家们在河南嵩山古阳城修建了一座观星台。它是中国现存最古老的天文台，也是世界现存的最早用于观测天象的建筑之一，是具有世界性价值的科技建筑。

清代皇帝最爱去的
避暑山庄

在古代，人们既没有空调，也没有电扇。在那种情况下，人们是如何度过难熬的炎夏的呢？拥有至高权力的皇帝，是否也不得不忍受炎热呢？还是他们有什么好的办法可以避暑呢？

呵呵，古代的皇帝可是非常娇贵的，他们才不会让自己忍受炎热的煎熬呢！为了避暑，他们建造了许多避暑胜地。

炎夏一来，他们就会跑去这些避暑胜地避暑。

在众多由皇帝建造的避暑胜地中，承德避暑山庄算是最为著名的了！它的位置也非常特殊，它位于内蒙古高原和华北平原的过渡地区，属于温带大陆型山地气候，夏季十分凉爽，而且下雨的时间非常集中，因此，山庄基本上没有炎热期。皇帝选择来此避暑，可真是一个明智之举啊。

承德避暑山庄不单单是个避暑的地方，它还与我国的重点文物保护单位颐和园、拙政园、留园并称为"中国四大名园"。

简单地说，承德避暑山庄就是我国古代皇帝建造的行宫，是清代的皇帝们为了避暑和处理国家大事而建造的。它位于河北省承德市的北部，距北京200多千米，皇帝们不用跑太远就可以去那里了。

你知道古人修建这座宏伟的建筑群一共花费了多长时间吗？承德避暑山庄从1703年就开始修建了，前后经过清朝的康熙、雍正、乾隆三朝，历时89年才得以建成。

承德避暑山庄可是一处相当宏伟的建筑群哦，由皇帝宫室、皇家园林和宏伟壮观的寺庙群组成。它的里面可大着呢，想围着它逛上一圈可不是一件易事哟！而且，承德避暑山庄可不仅仅只有"大"这一个特点，事实上，它最大的特色是它的构造：山区占了整

84

个园林面积的4/5，整个山庄几乎完全是建在山上的。山庄山中有园，园中有山，从山庄的最高处到山庄的最低处有非常大的落差，达180米。正是因为有这样的落差存在，山庄培育出了不同的植物，也才得以建造各式的建筑，真是有山有水，有林有石，景色十分宜人。

值得一提的是，古代的工匠们还充分利用了这里的地势。他们利用山峰、山涧等地势，因地制宜地修建了园

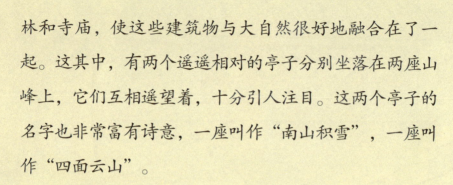

林和寺庙，使这些建筑物与大自然很好地融合在了一起。这其中，有两个遥遥相对的亭子分别坐落在两座山峰上，它们互相遥望着，十分引人注目。这两个亭子的名字也非常富有诗意，一座叫作"南山积雪"，一座叫作"四面云山"。

怎么样，承德避暑山庄还真是个好去处吧！

"曲阜三孔"是什么建筑

孔子是我国古代伟大的教育家和思想家，你一定知道他吧？那么，你有没有听说过"曲阜三孔"呢？

被人们称作"曲阜三孔"的，是坐落于山东曲阜的孔府、孔庙、孔林。三孔是中国历代人民为了纪念孔子而建造的，它们有着非常深厚的文化底蕴，是孔子思想的传承之地。孔子是非常有名气的教育家和思想家，被全世界的人民所熟知。正因为如此，"曲阜三孔"也成为了世界闻名的旅游景点。每年都有众多的游客慕名前来，想要与孔子来一次隔空对话。

你一定也对这些与孔子有关的
建筑群非常感兴趣吧？呵呵，那我
们就一起来了解一下吧！

首先说说孔府，孔府的原名叫衍圣公府，是一座历史非
常悠久的衙署。这个府第有一个非常大气的名号——天下第
一家。怎么样，听上去是不是很霸气呀？孔府的历史相当悠

久，孔子的子孙们世世代代都居住在这里！宋朝时期，孔子的后人对院子内的住宅进行了大规模扩建，房屋达到数十间之多。至金代，孔子的后代飞黄腾达，孔府便也被大肆地扩建了一番。到了明清时期，孔府的规模达到最大，占地面积达16万平方米，有房屋480多间。我们可以算这样一笔账，要是一天住一间屋子，那么要住遍所有的房屋，得花上1年多的时间呢！呵呵，孔府是不是很大呢！

　　孔庙也是相当庞大的，它的占地面积也有13万多平方米呢！孔庙是我国历代封建王朝祭祀孔子的庙宇，因此深受人们的喜爱。孔庙的建筑风格跟皇宫近似，非常讲究左右对称排列。整个建筑群布局非常严谨，殿堂分明，共有466座房屋。孔庙的四周由高大的墙壁围住，门坊、角楼众多，加上参天的古树以及数不清的碑碣，构成了它浓厚的文化气息。

　　再说说孔林吧，孔林可不是孔子栽种的树林子！事实上，它是孔子及其家族成员的专用墓地，据说还是世界上历史最悠

久、面积最大的家族墓地呢！由此就可以想见，孔林是有多大了！

孔林里到处都是古树，你猜猜共有多少棵？1000棵？3000棵？5000棵？哈哈，这可不是孔林的真正实力哟！孔林里的树多达1万棵呢！绝对称得上是一片小森林了。

虽然只是一片墓地，但孔林可是非常受重视的呢！历史上，自汉以来，不少朝代的统治者都对孔林进行过修理和扩建，也正因为这样，这座建筑才得以保存至今。如今，孔林的面积近200万平方米，光是林墙就有5.6千米，围墙也有3米高、1米厚。怎么样，是不是很壮观呀？

"曲阜三孔"是文化圣地，你不妨同爸爸妈妈一起，到那里去感受一番。

建在武当山顶上的**庙宇群**

在湖北省有一座著名的武当山。今天，就让我们一起来领略一下武当山上的风光吧。

武当山坐落于湖北省丹江口市的西南部，是我国的名山之一。它的面积达312平方千米，海拔有1612米，非常壮观。武当山可是我国道教的发祥地呢！你一定知道张三丰吧？电影中的张三丰凭借着太极拳打遍天下无敌手，他就是武当派的祖师爷。

自唐代起，武当山就已经是道教名山了。人们在武当山

武当山

上修建了很多建
筑，久而久之，山上
的建筑群就形成了很大的
规模。明朝永乐年间，皇帝更是亲自
挂帅上阵，指挥数十万劳工在武当山上大
兴土木。要知道，在高达1600多米的武当山上修建
房屋可是相当困难的。但是皇帝发话了，谁又敢抗命呢？劳
工们只得拼命干活。

　　由于施工困难，永乐皇帝对武当山的修建活动前后共历
时12年之久，死伤的劳工不计其数。劳工们用自己
的双手建造了九宫、八观、三十六庵堂、

七十二岩庙、三十九桥、十二亭等，这些宏伟的建筑赢得了古今无数人的赞赏。

在山上修建建筑，要求工匠们具备非常高超的建造技艺和良好的建筑布局。修建武当山的工匠们也的确具备这样良好的技能，武当山古建筑群的总体规划非常严密，排列也十分有序。在建造时，工匠们非常注意因地制宜，将建筑与大自然完美地融合在了一起。此外，古人非常讲究风水，工匠们在武当山建造房屋时也非常讲究山形水脉，注意聚气藏风。这样的布局，使武当山成为了一块风水宝地。

　　如今，武当山上有太和宫等众多宫殿遗址以及其他祠堂建筑等多达200多座，其占地面积十分惊人，有50000平方米左右！面对这个数字，除了庞大，我们还能想到哪个形容词呢？

　　如果你认为山上建造不了高大的建筑，那么你就错了。武当山上就有高大的建筑。你来猜猜其中最高的建筑有多高？告诉你吧，武当山上最高的建筑是紫霄宫，它的高度居然达到了惊人的18米，真可谓直冲云霄！18米的高度在平地上不值得一提，可在险峻的武当山上就足够称得上是奇迹了。想想看，在一座如此高的山上修建这样高的建筑，单单是运送建造材料都非常困难了，加之山上的环境和气候的影响，那难度实在是无法想象的。所以，我们是不是应该给我们的先人们送上崇高的敬意呢？

武当山建筑群是建筑史上的奇迹，它在世界上有着独一无二的地位。怎么样，你有没有勇气登上1600米的高峰，去瞧一瞧武当山的风光呢？

武当山的发展历史

你知道武当山名字的由来吗？武当这个名字的历史可是非常悠久，早在先秦时期就有了。到了汉朝，武当被设立成县，成为了正式的行政区划。魏晋隋唐时期，武当山又成为求仙学道者们的圣地。明朝后，武当山的地位进一步提高，被封为"太岳""玄岳"，成为"天下第一名山"。

都江堰——
造福人类的大功臣

  我国的四川省素来被人们称为"天府之国"。这里土壤肥沃，气候适宜，是我国重要的粮食生产基地。要是没有四川这块宝地，说不定有很多人要饿肚子呢！四川之所以能够生产出如此多的粮食，都江堰可是功不可没的，而且作为水利工程，能持续使用几千年之久，

在世界上也是不多的奇迹，因此很有必要介绍一番。

都江堰位于四川省成都市都江堰市的灌口镇，从古至今，它一直都在尽职尽责地帮助四川人民管理水资源，还享有"世界水利文化的鼻祖"的美誉呢！怎么样，都江堰是不是很厉害呀？

都江堰的设计者和工程总指挥是战国时期秦国蜀郡的太守李冰和他的儿子。都江堰的具体建造时间应该是在公元前256年左右，距今已有2000多年的历史了。

都江堰可不是官员为了政绩、面子而兴办的工程，而是有责任心、有科学头脑的官员为发展农业、抵抗水旱灾害所进行的惠民工程。成都平原在古代是一个水旱灾害严重的地方，长江的一大支流——岷江就流经这里，雨季时，岷江水一旦泛滥，两岸的庄稼顷刻间就会被洪水冲走；而遇到旱灾时，又会造成赤地千里、颗粒无收的局面。因此岷江已经成为了制约这片土地生存发展的一大障碍。

战国后期的秦国，在商鞅变法以后，涌现出了一大批贤明且办事认真的官员。他们认识到了巴蜀在统一

中国大业中的战略地位，于是，秦昭王就委任知天文、识地理、隐居岷峨的李冰为蜀国郡守。李冰上任后就主持修建都江堰的工作，彻底根治了岷江水患，使川西农业得到了较大发展，也为秦国统一中国创造了经济基础。

都江堰水利工程主要由鱼嘴、飞沙堰、宝瓶口三大主体工程构成。这三者有机结合在一起，相互制约着运行，相辅相成，缺一不可，充分发挥了引水灌田、分洪减灾的巨大作用。

都江堰水利工程还充分利用了地形地势。建造者们分析了都江堰所在地区的地形和地势特点后，才开始建造，所以整个工程的水利系统非常完善。都江堰的本领可是相当多

的！它不但可以抵御洪灾、分洪泄流，更能灌溉农田、排除泥沙呢！正因为有了都江堰，成都平原的土壤才变得如此肥沃，成都平原也成为了"天府之国"。

虽然历经了两千多年的岁月磨砺，都江堰依然坚守在自己的岗位上，从没有发出过一句怨言。时至今日，它非但没有退出历史舞台，反倒拥有了更加高的地位，它的重要性也越来越大。面对都江堰，人们总会情不自禁地向它投去感激的目光。

都江堰附近山清水秀，古迹甚多，是著名的风景名胜区。这里有众多文物古迹等待着人们去观赏，例如伏龙观、离堆公园和普照寺等，这些景点与都江堰水利工程一起构成了都江堰地区著名的文化圣地，每天都吸引着世界上众多的游客前去游玩。

2000年，联合国世界遗产委员会第二十四届大会更是将都江堰确定为世界文化遗产。怎么样，是不是动心了？那就找个时间去都江堰玩上一番吧！

堆离

"易碎"的巴格拉特
大教堂及格拉特修道院

世界上的建筑多种多样，有洁白如雪的泰姬陵、有宏伟大气的故宫、有构造独特的金字塔……正是因为有了这些各具特色的建筑，世界才变得多姿多彩。下面，就让我们一起来领略一下格鲁吉亚的巴格拉特大教堂和格拉特修道院的特色吧！

巴格拉特大教堂和格拉特修道院并不像中国的故宫、美国的白宫那样著名，所以你没听说过

它，那也是很正常的。但巴格拉特大教堂和格拉特修道院在世界建筑史上却有着不可忽视的地位，以独特的建筑魅力征服了世界各地的建筑师与游客们。

巴格拉特大教堂坐落在乌克梅里奥尼山上，它居高临下，俯视着库塔伊西城。远远望去，巴格拉特大教堂气势恢宏，非常大气。

巴格拉特大教堂可是有着非常悠久的历史哦，它是由巴格拉特三世在公元11世纪初建造的。它的构造非常有特点，由3个半圆形的宏大建筑组成。这其中，最值得一说的就是中间的建筑，它造型独特，有一个大圆顶盖，圆顶盖下有4根大柱子支撑着。此外，在这座建筑上还建有很多拱门，每道门纵深可达50米。比较有趣的是，教堂的内墙居然是用马赛克装饰的，这可是很独特的。在教堂的外墙上，还刻有很多精美的花朵和动物图形的浮雕，要是你看了，一定会被深深吸引住的！

再来说说格拉特修道院。它是在大卫四世时代建造的，位于库塔伊西东北约12千米处的伊梅列吉亚的山丘上。它的建筑风格和巴格拉特大教堂非常相似。格拉特修道院最为独特的地方就是它的壁画，这些壁画可是世界闻名的哦！其中最受人们喜爱的当属用224幅绘画装饰的福音集了。

格拉特修道院不仅是一座修道院，还是一所学校。直到公元14世纪，格拉特修道院仍是格鲁吉亚最

重要的教育中心，它培养了无数的人才，为国家的进步作出了巨大的贡献。

　　巴格拉特大教堂和格拉特修道院都代表了中世纪格鲁吉亚建筑的繁盛之景，在1994年双双被列入了《世界遗产名录》，这充分说明了它们的历史地位。

值得一提的是，这两座有着悠久历史的建筑物还被称为"易碎的建筑物"。听到这个名字，你是不是很疑惑呢？事实上，历经岁月的侵蚀，今日的巴格拉特大教堂和格拉特修道院经已经残破不堪了。对它们进行改建非常有必要，可如果进行改建，它们就会失去原有的完整性，因此，世界遗产大会强烈建议停止修复这两座建筑的任何工程。谁也不知道，这两座"易碎"的建筑物到底还能"活"多久！

修道院是用来做什么的？

修道院又叫作"神学院"，是基督教一种组织机构的名称。它是用来为天主教培训神父的学院，为基督教的发展作出了突出的贡献。

小心点，我可是
朱罗王朝仅存的神庙

　　你听说过布里哈迪斯瓦拉神庙吗？呵呵，这个名字读起来是不是十分绕口呀？下面就让我们一起瞧瞧这座有着古怪名字的建筑吧。

　　布里哈迪斯瓦拉神庙位于印度东南部的泰米尔纳德邦，是印度非常著名的一处建筑。它建于公元11世纪初，是南印

度朱罗王国首都坦贾武尔为了供奉湿婆神而建的，一共历时7年建成。

　　这座建筑究竟长什么样呢？我们一起来看看吧。布里哈迪斯瓦拉神庙的建造技术非常精湛，这也让它拥有了向世人炫耀的资本。神庙的围墙非常长，每个边长约350米。围墙上建有一座精美的大门，门上雕刻了许多华美的图案，这使得本就威严的大门更加富有魅力。门的两侧还雕刻了巨大的守门神像，它们所起到的作用和我国的石狮子差不多。围墙的内部是一圈回廊，长约240米、宽约120米。布里哈迪斯瓦

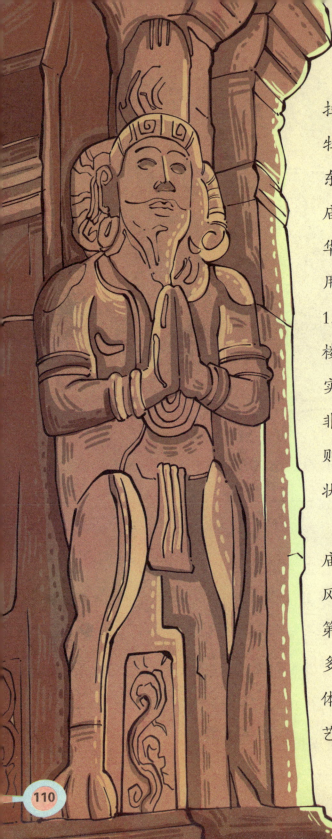

拉神庙的重要建筑，如牡牛殿、前殿等都建在东西走向的轴线上。神庙的周围还有两座非常华美的建筑物，一座是用花岗岩和石砖砌成的13层高的塔楼，这座塔楼为金字塔式，非常结实，立在神庙旁边显得非常醒目；另一座建筑则是巨石塔，呈球茎形状，足足有61米高！

布里哈迪斯瓦拉神庙的构造非常具有朱罗风格。它有三座门廊，第一座门廊距今已有600多年，另外两座则充分体现了朱罗风格的建筑艺术特点。

　　从门廊穿过，走进内院，你会看见一座巨大的卧像，它长约6米，据说是湿婆神坐骑的雕像。继续往前走，有一座至圣之所，里面有非常精致的装饰，那里还有非常多的神龛，甚至比神庙的壁柱还要多呢！至圣之所的底部还有两堵平行而建的墙，形成了一条两层高的通道，非常独特。

　　布里哈迪斯瓦拉神庙是一座历史相当悠久的古建筑。历经了岁月的磨砺，这座载满了荣誉的古建筑还依旧在大地上傲然挺立着，很是让人敬佩。

桑吉佛教古迹, 佛教中的"老泰山"

你了解佛教吗? 你知道佛教建筑都是什么样的吗? 下面就由我来为大家介绍一下著名的佛教建筑——桑吉佛教古迹。

桑吉佛教古迹可是世界闻名的哦! 它坐落于印度的一个小村子——桑吉村, 以"佛塔之城"的称呼而闻名世界。别看桑吉佛教古迹建在荒郊野外, 它照样吸引了全世界游客的目光, 尤其是那些佛教教徒们, 更是不辞辛苦地赶来这里一睹古迹的风采。

桑吉佛教古迹建在了一座高不足100米的小山

丘上，山丘虽小，它的上面却分布了多达50多处的遗迹呢！如今，佛塔、修道院、寺庙及圣堂等许多历史建筑都被部分保存了下来。所以，想要找寻桑吉佛教古迹以前的风貌，我们仍然是可以在这些遗迹中隐约窥到的。

你知道桑吉佛教古迹建于什么时候吗？呵呵，这些古迹的出现时间距离我们可是很远的哦，大约能追溯到公元前2世纪至公元前1世纪，算下来，桑吉佛教古迹比我们都要年长2200多岁呢！

　　桑吉佛教古迹是一组规模极大的建筑群，都是佛教建筑。在它们中，桑吉大塔最为著名。桑吉大塔呈半球形，直径约36.6米，高约16.5米，也是有相当具有规模的。不过我要告诉你的是，起初桑吉大塔可不是塔哦，人们最初建造它的目的是为埋藏佛骨。后来，人们又在它上面不断加砌石砖，并在顶上修建了一座方形平台和3层华盖，底部则建造了石制基坛和石制围栏，最终形成了如今的模样。

　　桑吉佛教古迹的周围还修建了4座风格独特的石牌坊，它们的风格和大塔相似，都吸收了波斯、希腊的建筑及雕刻艺术，装饰非常华丽。除桑吉大塔外，桑吉佛教古迹还有2座建造技艺精良的佛塔，这2座佛塔的来头还不小呢，据说里面还有佛陀弟子的舍利！

　　桑吉佛教古迹是佛教发展历史的见证者，也是佛教传承的重要载体，它的文化价值非常高。不仅如此，它的建造艺术也同样得到了人们的认可，桑吉佛教古迹引领了印度建筑艺术的发展。

　　桑吉佛教古迹是印度历史上的一座丰碑，为发扬佛教文化作出了巨大的贡献。它是现存的最古老的佛教圣地，1989年，它被联合国教科文组织列入了《世界文化遗产名录》。桑吉佛教古迹注定永远留存在人们心中。

你了解胡马雍陵 中的主人吗

说起印度的建筑，你首先想到的一定是泰姬陵。的确，泰姬陵是一座非常美丽的建筑。然而，除了泰姬陵之外，在印度还有一处建筑也是非常美丽哦，它是什么呢？

还是不在这儿卖关子了，实话告诉你们吧，它就是胡马雍陵。胡马雍陵位于德里东部亚穆纳河（又名朱木拿河）河畔，建成于1570年。它是由帝后哈克·贝克姆主持修建，米拉克·朱尔扎·吉亚斯设计的。

这座美轮美奂的建筑与我们熟悉的泰姬陵还有着很大的关系呢！据说，泰姬陵

就是仿照胡马雍墓建造的。这种说法到底正确与否，我们无法判断，可单从它的外表来看，与泰姬陵还真的很像是一对"兄弟"呢！

同泰姬陵一样，胡马雍陵的建造也使用了大量白色的大理石，整个建筑非常威严、宏伟、端庄。虽然胡马雍陵的主要建筑材料就是白色的大理石，非常单一，但这并不会令它显得格外单调，反而在简朴中透露着一丝繁华。不得不说，实在是太奇妙了！初见它的人一定想不到，这样美丽的建筑竟然是一座陵墓。

胡马雍陵的布局非常完美。整个陵园坐北朝南，呈长方形，围墙长约2000米。值得一提的是，围墙并不是用大理石建造的，而是用红砂石建造的，红色的围墙与白色的大理石建筑交相辉映，形成了独具特色的风景。

陵园内种植了很多花花草草，这些花花草草为宏伟大气的陵园增添了不少生命的气息。整个陵园看上去就像是一座美丽的大花园，找不出一点陵墓该有的肃杀之气。走在里面，呼吸一口新鲜的空气，你们一定会感到心情舒畅的。

你们想不想知道陵墓的主人是谁呢？关于这个问题，相信你们一定非常好奇吧。其实，陵墓的主人就是胡马雍，这个陵墓就是以他的名字命名的。

1526年，巴布尔

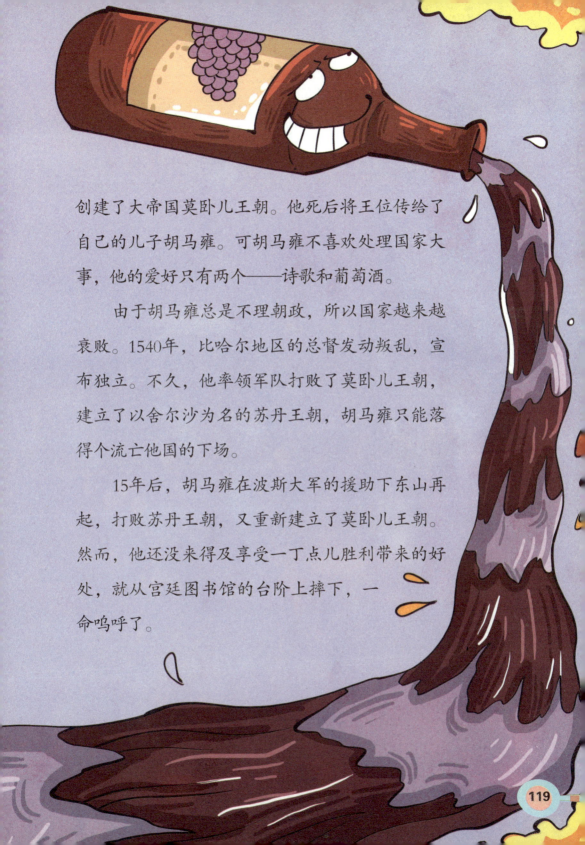

创建了大帝国莫卧儿王朝。他死后将王位传给了自己的儿子胡马雍。可胡马雍不喜欢处理国家大事，他的爱好只有两个——诗歌和葡萄酒。

由于胡马雍总是不理朝政，所以国家越来越衰败。1540年，比哈尔地区的总督发动叛乱，宣布独立。不久，他率领军队打败了莫卧儿王朝，建立了以舍尔沙为名的苏丹王朝，胡马雍只能落得个流亡他国的下场。

15年后，胡马雍在波斯大军的援助下东山再起，打败苏丹王朝，又重新建立了莫卧儿王朝。然而，他还没来得及享受一丁点儿胜利带来的好处，就从宫廷图书馆的台阶上摔下，一命呜呼了。

胡马雍的妃子哈吉·贝古姆非常心痛，为了纪念死去的丈夫，她决定要在亚穆纳河附近建造一座最壮丽的陵墓。哈吉·贝古姆重用波斯建筑师米拉克·米尔扎·基雅斯，让他负责这个庞大的工程的设计。经过将近10年的建造，胡马雍陵终于向世人展现了它的美丽。

走在淡雅庄严的胡马雍陵内，这里发生过的往事似乎会一幕幕不停地在你的脑海中奔涌而出，想不想去感受一下呀？